貼鑽の
時尚事典

桃子莉可 ——————— 著

目次

01

你也想要的小物。

02

3C產品就要如此閃耀。

03

愛生活、愛美麗。

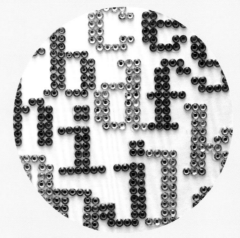

04

璀璨而美麗的圖樣。

推薦序

進入桃子莉可華麗又奇妙的璀璨王國

從我開店以後，我就認識桃子了。

將近5年的時間，我在台北建立起ZAKKA ZOO手作雜貨店舖，桃子也跟著我們一起，緩緩走過了這些時光。

在手作的創作者裡頭，桃子莉可，幾乎是我覺得還堅持著的幾個少數創作者之一。在這5年不算短的日子裡，因為開手作店和手工教室的關係，我看過太多太多虎頭蛇尾的作者。有些很有天分，爆發力十足的創作人，也經常因為不願意了解市場、不擅長與店家溝通，或者因為其他經濟考量，又或者有了自己更想做的事，不得不重返職場，或尋求其他出路。手作終究只能成為心中的興趣與美夢而已。

而桃子，經過這些時間的考驗，除了維持創作的品質，寄賣作品的數量，教學的系統化，還有對於自己喜愛的領域持續不懈的努力。就以維持著每月更新販售作品這一點來說，眾多的手作者中，可以達成的幾乎只有個位數。而還可以堅持著自己教學、創作和出書的，就更難得了。

一直到現在，每次見面，桃子總是興致盎然的跟我分享最近新發現的素材、好玩的作法。對於創作，仍像小孩子一樣擁有滿滿熱烈的感情，5年多來沒有改變。

我總覺得要在手作圈裡成為一個讓人記得住的品牌，除了原創力之外，堅持著不斷的努力和學習，幾乎可以說是能否開花結果的關鍵。

如果可以一直燃燒著心中的手作魂，持續著努力再努力，即使因為小小的挫折而沮喪，或是因為不穩定的收入而辛苦著，也不要忘記起初的夢想，堅持著，一步一步往前走，就能進入桃子開創的異想世界，華麗又奇妙的璀璨王國裡。

ZAKKA ZOO & button扣子工房店主

粒子

自序

打造屬於自己的Bling-Bling世界

DECO電（デコ電），源自日文，是手機貼鑽的代稱，DECO也有「裝飾」的意思；閃亮亮的3C貼鑽風從日本開始襲捲世界至今，已然衍生為一種擁有美麗、實用與經濟價值的「貼鑽藝術」了。

我深深覺得這本書是現代版的DECO ART（裝飾藝術），除了使用閃亮的水鑽與貼飾來裝飾生活中的所有用品之外，更教人擁有豐富的創意發揮，讓閃亮的生活創意完全融入生活中。

貼鑽的工具簡單、材料多元而且應用廣泛，做出來的成果吸睛又美麗，我想不出有什麼原因讓人不愛它！尤其是女孩們，對於閃閃發亮的東西就是特別沒抵抗力，「貼鑽」，絕對能滿足心中對閃亮奢華的慾望。

我從事貼鑽教學多年，很開心地能將自己多年的貼鑽心得與設計想法集合出版，希望這本書，能讓初學者順利的入門，也促進進階者的學習慾望，讓想創業的人也能有更多的創意啟發。我原本就是念設計本科，所以更希望能藉由這本書，能成為一本既實用又美麗的工具書。最後，致上滿滿的感謝。感謝這本書的編輯，也感謝永遠搞不懂我在做什麼但仍支持我的家人，感謝一路相伴的朋友，感謝讓我在這個領域更加成長的學生們，所謂教學相長，你們真的讓我成長許多。

當然也感謝正在閱讀本書的你，請你一邊大聲呼喊：「我就是愛閃亮亮」，一邊用行動來打造屬於自己的Bling-Bling世界吧！

桃子莉可

關於工具

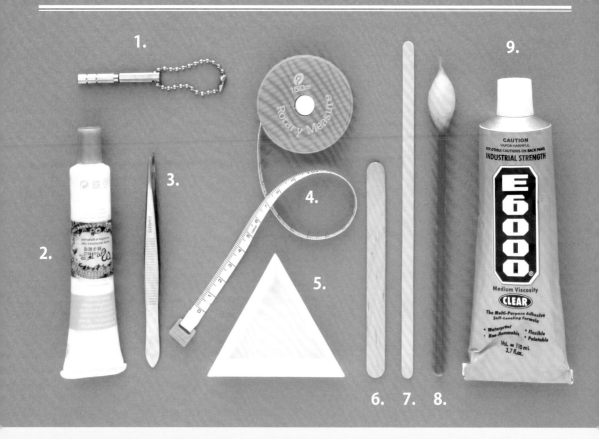

1／鑽孔器：在手機殼或是作品上鑽孔用。

2／美國珠寶膠：最常使用的黏鑽膠。水性、無異味，狀似白膠，接著性強，乾後呈膠皮狀，可以整片剝離胚體，比其它膠水較不傷害胚體。塑膠、金屬、玻璃、陶瓷、皮革、布料。30ml約180元。

3／鑷子：夾取配件用。

4／尺：測量胚體尺寸，捲尺或是一般直尺都可以。

5／分鑽盤：為了避免弄混，不同的鑽盛裝於不同分鑽盤。

6／木棒：用來對齊貼線，也可以用使用直尺對齊。

7／竹籤：用來沾取膠水。

8／沾鑽筆：用來沾取水鑽。

9／美國E6000強力接著劑：粘著性最強、最適合粘著大型有重量的配件貼飾，乾後呈膠皮狀，可以整片剝離胚體，比其它膠水較不傷害胚體，但有氣味揮發。適合用在金屬、塑膠、玻璃、陶瓷、皮革、布料、木材。110ml約250~350元。

其他的貼鑽膠

不管是什麼膠，乾後透明防水又粘得牢！就是好膠水。有些膠水會有氣味揮發(如AB膠)、有些膠水使用方便、
有些膠水價格便宜，每種膠水都各有其特色，沒有最好或最壞之說，皆可依需求選購最合適自己的貼鑽膠水。
強力接著型的膠水，成分大多為有機化學膠水，常會有氣味及『牽絲』的情形出現，不小心沾到手無法使用洗
潔劑洗淨，需先將皮膚上的膠水擦拭乾淨後再用清水洗淨。乾後呈『軟膠皮』狀的膠水則可以用手搓揉，使其
呈皮屑狀後自然掉落即可。

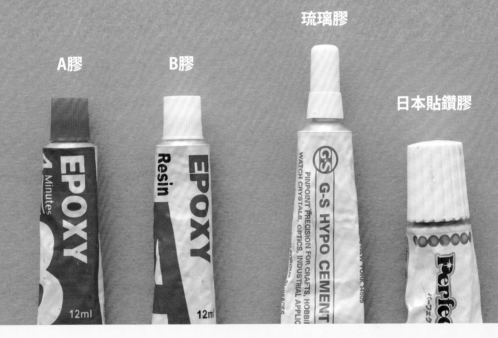

膠水	特色	適用胚體	價格
AB膠	最常見，最易購得。	金屬、塑膠、玻璃、陶瓷、皮革、布料、木材。	本國產價格便宜，進口者較貴。
琉璃膠	水性膠水，不小心沾手可以用水洗淨，價格便宜。	金屬、塑料、木材。	20ml約25元，最便宜。
日本貼鑽膠	融合了AB膠的特色，為單劑型接著劑，接著性強。	金屬、塑膠、玻璃、皮革、布料、木材。	30ml約250～350元。

關 於 材 料

貼鑽可以運用的材料和零件相當多，可以用來貼鑽的材質更是各式各樣，不管是玻璃杯、木頭、衣服或是塑料，幾乎所有你看得見的材質都能貼。水鑽本身的切面愈多，水鑽就會愈閃亮！

亮度：SW＞12切水鑽＞14切樹脂鑽＞壓克力鑽

每一種鑽的售價都不同，越是昂貴的SWAROVSKI（施華洛士奇），成本當然越高，每個人購買的數量和成本單價也略有不同，所以本書作法裡的「花費預估」是因人而異的，而且是單指作品中使用鑽的成本，素胚體的成本就不在計算內了。

初學者剛開始練習時，可以使用最便宜的壓克力鑽來練習，等上手了，再進階成亮度最高的SWAROVSKI吧！

水鑽和壓克力鑽：a／SWAROVSKI-2058-14切面平底水晶鑽（2011年起最新款，原2028款的升級版，切面更多、更亮）。b／SWAROVSKI-2028-14切面平底水晶鑽（2011年前的型號）。c／12切面水晶玻璃鑽，也有人稱為韓鑽、中東鑽。d／14切面樹脂鑽-蛋白系（糖果系）。e／壓克力樹脂鑽。f／尖底鑽，底部為尖椎狀，適合用來填充小空隙。g／SWAROVSKI -2028-14切面水晶燙鑽。

水晶尖底寶石：h／SWAROVSKI 施華洛世奇水晶寶石。i／尖底水晶寶石。

樹脂、軟陶：j／復古樹脂貼飾，蝴蝶結、愛心、小熊、旋轉木馬、花朵等古典圖樣。k／樹脂立體公仔浮雕貼飾(拉拉熊、美樂蒂、KITTY…)。l／軟陶材質的各種裝飾，如軟陶花。

金屬貼飾：m／各式鑲鑽金屬貼飾(孔雀、幸運草、麋鹿、蝴蝶、蝴蝶結…等)。

其它：n／軟印紙、貼紙、餐巾紙、包膜等。o／日本和紙膠帶。

NG材質：軟質料的手機套不適合用來貼鑽，而尼龍成分較多的直紋衣服，或是絨布材質的衣物等，則不適合用來燙鑽，勉強貼上後比較容易掉落。

何處購買材料：

網路／

桃子莉可　素材專賣　http://class.ruten.com.tw/user/index00.php?s=momolico

嘟嘟狗與招材貓咪手作雜舖　dodoodog.shop2000.com.tw

奶油串珠材料手藝屋　http://www.catelihouse.com/shop/

實體店舖／

小熊媽媽　103台灣台北市大同區延平北路一段51號　02-2550-8899

東美飾品材料行　台北市大同區長安西路235號1樓　02-2558-8437

薪飾黛飾品材料有限公司　台北市長安西路239號　02-2555-5058

關 於 材 料

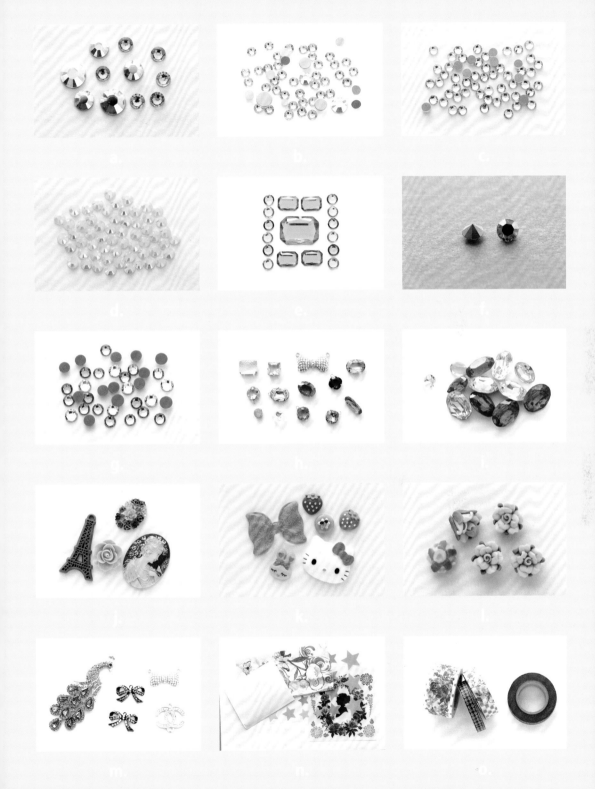

9

貼鑽的基礎技法

想要有一個閃亮亮的貼鑽人生，就必須一步步學好基礎功夫。

貼鑽看似簡單好入門，但是基礎技法還是要練好，才能學會各式的花樣和技巧，甚至開始自己設計出獨一無二的圖樣。

1／整齊排列法(並排法)

整齊排列法可以呈現很規矩的風格，也是基礎入門。很多人就是喜歡這種閱兵式整齊劃一的感覺。整齊排列法的方式也最簡單，需要貼鑽的範圍比較大的產品，而且不想花費過高時，可以選擇整齊排列法。整齊排列法也可以做出條紋和方塊的效果喔。

小技巧

❶ 貼鑽時注意每一排鑽都排列整齊，不可以歪七扭八。

❷ 使用同一種尺寸的水鑽排起來才會漂亮。

❸ 每一個排列都要直線，所以可以使用木棒輔助。

❹ 先整排或是半排上膠後再貼上鑽，趁乾之前可以用木棒調整直線。

❺ 第二排開始，每顆水鑽都要接著上一個水鑽的圓弧型去貼。

2／交錯排列法(交錯法)

交錯排列法的圖案華麗而且緊密，是運用上最廣的貼鑽方式，只要學習基礎技法，加上適合的圖稿，就算是新手也很容易貼出豹紋，或是菱形格等，算是最基本的變化貼法。

小技巧

❶ 貼鑽時注意每排鑽都要緊密的靠在一起，將空隙擠到最小。

❷ 第一排貼法和整齊排列法相同，必須注意的是，第二排開始要把鑽排在第一排的兩顆中間位置。

❸ 使用同一種尺寸的水鑽。

❹ 一樣可以使用木棒調整直線和位置。

3／不規則的設計

對於設計師來說,最喜歡也最常使用的方式,就是不規則法了。不受限在整齊的排列,可以隨意的在物件的一角,或是中間位置,貼上喜歡的圖案,甚至讓鑽隨意的散落著,也可以用大小不同、顏色不同的鑽,不整齊的佈滿整個貼面。一般來說,設計師也會畫上圖稿,像是各種動物、英文字母或是數字等,不規則的設計方式,每一個都充滿個人風格、各自為美。

小技巧

❶ 佈滿個整個物件的水鑽,可以隨意用不同大小的水鑽填滿。

❷ 要注意顏色的搭配,除非要彰顯主要圖案,否則不要過於突兀。

❸ 有具體圖案的設計,最好先畫出圖稿。

4／燙鑽

燙鑽也是常用的技巧,尤其是運用在衣物或包包上,要讓人驚豔,一定要大面積貼鑽,而大面積的燙鑽貼圖就必須使用排鑽貼紙,而若是水鑽有大有小時,大鑽熨燙的時間高於小鑽,所以熨斗壓燙時得小心,要讓每顆鑽都確實燙到衣服上。網路上可以買到已經設計好的燙鑽貼紙圖案,直接燙在衣服上就可以了,如果要自己設計圖案,燙鑽貼紙的做法可以參考本書p112。

小技巧

❶ 將燙鑽貼紙撕開。

❷ 直接把燙鑽貼紙貼至衣服上。

❸ 用熨斗小心的把鑽熨燙在衣服上,約10-15秒。

❹ 等溫度下降後將透明的貼紙撕開。

❺ 完成。

SWAROVSKI施卡

尺寸計算方式

施華洛士奇的水鑽是大多數人喜歡用的材料，因為它美麗的色澤和切面，都教人愛不釋手。

以下列出11種施華洛士奇水鑽的尺寸和直徑（mm），其中以ss12和ss16是大多數人常用的規格。

計算尺寸的方式很簡單，但是計算出的水鑽數量只是預估，還是會因為貼的緊密度而有少許誤差。

※整齊排列法 / 並排法：

(素胚體的長度 / 水鑽尺寸)×(素胚體的寬度 / 水鑽尺寸)

例如：以ss12鑽貼一個長160(mm)、寬128(mm)的筆記書
→160/3×128/3=53×42＝2226顆

※交錯排列法：

(整齊排列法的計算公式)×1.2

以同一個素胚體來說，計算鑽數約：200×1.2=240

當貼鑽範圍無法整除時，可以有下列方式處理：

均分法：第一顆與最末顆的鑽分別對齊胚體的兩端，中間的空隙由剩下的鑽均分，這方式鑽與鑽之間會有些微小空隙。

以50 mm×50mm貼上ss30水鑽為例如右。（圖a.+圖b.）

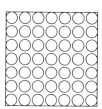

ss30

50mm×50mm

50/6.5=7

7×7=49pcs

a.並排法

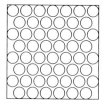

ss30

50mm×50mm

50/6.5=7

7×7×120%

=56pcs

b.交錯法

SIZES

ss5	ss6	ss8	ss10	ss12	ss16	ss20	ss30	ss34	ss40	ss48
1.9mm	2mm	2.5mm	2.8mm	3mm	4mm	4.7mm	6.5mm	7.4mm	8.6mm	11mm

COLOURS

Crystal 001	Slam 208	Aquamarine 202	Citrine 249
White Opal 234	Burgundy 515	Air Blue Opal 285	Light Topaz 226
Chalkwhite 279	Light Amethyst 212	Pacific Opal 001	Jonquil 213
Vintage Rose 319	Fern Green 291	Mint Alabaster 397	Silk 391
Light Rose 001	Tanzanite 539	Caribbean Blue Opal 394	Light Peach 362
Rose 209	Amethyst 204	Blue Zircon 229	Light Colorado Topaz 246
Indian Pink 289	Purple Velvet 227	Chrysolite 001	Topaz 203
Fuchsia 502	Dark Indigo 288	Peridot 214	Smoked Topaz 220
Ruby 501	Cobalt 369	Erinite 360	Mocca 286
Padparadscha 542	Montana 207	Emerald 205	Greige 284
Sun 248	Capri Blue 243		Sand Opal 287
Fireopal 237	Cyclamen Opal 398	Palace Green Opal 393	Light Grey Opal 383
Hyacinth 236	Sapphire 206	Olivine 228	Black Diamond 215
Light Slam 227	Light Sapphire 211	Khaki 550	Jet 280

EFFECTS

Crystal AB 001 AB	Sapphire AB 206 AB	Crystal Silver Shade 001 SSHA	Crystal Metallic Blue 001 METBL
Jonquil AB 213 AB	Jet AB 280 AB	Crystal Golden Shadow 001 GSHA	Crystal Sage 001 SAG
Topaz AB 203 AB	Blue Zircon Satin 229 SAT		Crystal Tabac 001 TAB
Light Rose AB 223 AB	Sapphire satin 206 SAT	Crystal Copper 001 COP	Crystal Dorado 001 DOR
Rose AB 209 AB	Light Slam Satin 227 SAT	Crystal Red Magma 001 REDM	Jet Nut 280 NUT
Light Slam AB 227 AB	Smoked Topaz Satin 220 SAT	Crystal Volcano 001 VOL	Jet Hematite 280 HEM
Aquamarine AB 202 AB	Jonquil Satin 213 SAT	White opal Sky Blue 234 SBL	Crystal Cosmojet 001 COS
Peridot AB 214 AB	Crystal Moonlight 001 MOL	Crystal Meridian Blue 001 MBL	

Lesson 1:

Little Th...

對於貼鑽的初學者來說，最好要從貼小物開始學習。因為小物的體積、面積小，所以不需要花費太多的材料就可以完成，可以比較省錢之外，也讓初學者有更多的信心和成就感。而且小物通常很實用，只要貼的美美的，就可以立刻帶出門炫耀，讓虛榮心大大滿足！

在這個章節裡面，我運用了「局部點綴」、「圓形貼鑽」、「立體鑽飾」、「樹脂花軟陶花」及許多的複合媒材；素胚體的選擇上更是多元，像是39元商店買來的捲尺、100元商店購得的卡片夾、平常戴太陽眼鏡、喝雞尾酒的玻璃杯、隨身攜帶的小藥盒及包包掛勾等，隨處可見的小物，每樣素材都可以拿來貼鑽。

想告訴喜歡貼鑽的你，在貼鑽的世界裡，技法是有限的，但是創意卻可以無窮。把喜歡的、隨意收集的金屬貼片、便利商店的贈品小公仔、甜點店家用來裝點心的小碗等，盡情的使用在貼鑽上吧。

這個章節最為進階的三個作品就是無敵吸睛之水晶鑽筆、隨意散步的MOMO熊及愛打瞌睡的LOVE小兔，這三個作品都是立體素胚，不是平面圖，而鑽筆是螺旋紋，所以需要圖稿；而詢問度最高最熱門的立體公仔，主要的技巧很簡單，要從眼睛、耳朵、鼻子等小部位開始貼，最後再貼最大的身體。立體公仔貼選時可以選背面是吸盤或是平面的素胚，等貼好鑽之後，就可以把公仔用E6000膠水，黏在你喜歡的手機背殼上，這就是你常在路上見到的Kitty立體貼鑽手機殼了。

ngs

你也
想要的
小物

—1—

Pride Cat

驕 傲 的 貓 咪 票 卡 夾

貓總是一副高高在上等人伺候的傲嬌樣，偏偏貓奴們還是心甘情願
地服侍。利用現成的貓咪貼紙，加上水鑽裝飾，
閃閃動人，超級迷人，絕對讓人愛不釋手。

準備好！

票卡夾╱1個

貓咪貼紙╱1張

SWAROVSKI水晶鑽

SS20-289-印第安粉╱約7顆

SS12-289-印第安粉╱約12顆

12切面水晶鑽

2816-星星-001AB╱5顆

SS12-390-綠蛋白╱約100顆

製作時間：40分鐘

花費預估：NT.300元

這樣做！

1╱將貓咪貼紙貼在票卡夾上，盡量居中對齊。

2╱順著原有的圖形，幫貓咪貼一條閃亮亮的星星墜項鍊。

3╱鍊條的地方注意，使用的水鑽的尺寸大小，可以呈現更多變化

4╱使用SS12-390的水鑽，先從兩側開始貼，水鑽微微分開，不用緊密的靠在一起。

5╱最後再貼上下邊緣的地方。

6╱因為貼貼紙的關係，邊腳容易剝落，貼鑽要特別的壓緊。

「白色波斯貓可說是貴族中的貴族呀。」

DECORATION TECHNIC:

順著貼紙原有的貓咪圖案挑選同色系的水鑽，整體搭配才會速配。

-2-

Cute Bear

超可愛懶懶熊掛包勾

趴著、滾著、無辜著的可愛小熊，
向來是極受歡迎的人氣動物，
小熊如眾星拱月般的安然徜徉在水晶海中，
實在是令人羨慕非常啊！

準備好！

　　掛包勾／1個

　　小熊貼飾／1個

　　SWAROVSKI水晶鑽

　　SS20-001 GSHA-香檳／約20顆

　　SS10-001 GSHA-香檳／約25顆

　　SS20-319-古董玫瑰／12顆

　　SS30-001AB-白彩／3顆

　　2816-星星-001AB／6顆

　　製作時間：30分鐘

　　花費預估：NT.390元

這樣做！

　　1／將E6000膠水塗在小熊貼飾上。

　　2／把小熊貼飾貼在掛包勾上。

　　3／小熊周圍外圈先用SS20-001GSHA貼上，依舊要以保持「圓形」為主。

　　4／其餘空隙用SS10-001GSHA水鑽補滿。

「懶懶趴著，益發可愛。」

5／接著完成掛勾上的貼鑽。

6／溢膠時，可使用牙籤，在膠快乾時輕輕的將膠刮除。

7／珠寶膠乾時會像面膜一般，可以被整片剝除，所以很好清理。

8／將較明顯的溢膠清除，待膠水完全乾燥後，就會轉變成透明狀。

DECORATION TECHNIC:

所有平面圖的物件，技巧都是由外而內，從外圈開始貼，以同心圓的方
式一圈一圈往內貼。

7

8

—3—
Medicine
Box

閃閃惹人愛的貼鑽藥盒

閃亮到幾乎刺眼的藥盒,是隨身攜帶保健丸的好幫手
搭配兩種款式的水鑽交錯出簡約又華麗的視覺感受,
吃藥這件事一點都不無聊!

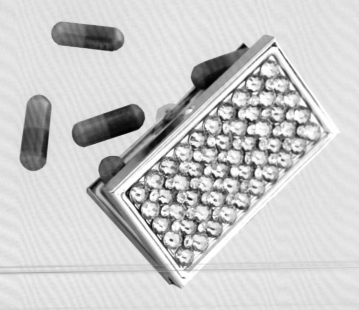

準備好！

掛包勾／1個

方形小藥盒／1個

SWAROVSKI水晶鑽

SS20-223-淺粉／約25顆

SS20-212-淺紫／約25顆

SS8-2.5mm-尖底水鑽-001／約40顆

製作時間：30分鐘

花費預估：NT.390元

「健康而沒有迷思的吃藥人生。」

這樣做！

1／先將小藥盒（胚體）擦拭乾淨。

2／使用並排法，一粉一紫的將水鑽貼上。

3／注意水鑽列的工整，不要歪七扭八喔。

4／將沾筆捏尖，以便沾取尖底鑽。

5／在水鑽的菱形空隙中，貼上尖底鑽，用這樣的方式可以完全的填補水鑽空隙。

6／完成。

1

2

3

4

5

6

—4—

Romantic Cup

浪漫滿分的水晶高腳杯

水晶鑽搭配高腳杯的話，真可以說是絕配，

貼上水鑽的高腳透明杯，

展現的不只是華麗的視覺，還有藏匿在閃耀的光芒之中的浪漫。

準備好！

高腳杯（杯底直徑約4公分）／1只

SWAROVSKI水晶鑽

SS20-223AB-粉彩／約10顆

SS12-223AB-粉彩／約25顆

SS20-209-粉紅／約10顆

SS12-209-粉紅／約50顆

製作時間：30分鐘

花費預估：NT.390元

「一切都變得更加透明清澈了。」

這樣做！

1／先將高腳杯擦拭乾淨，尤於玻璃杯很容易沾染指紋，拿取時務必小心。

2／順著杯子原有的圖案，貼上SS20-223AB及SS12-223AB的水鑽。

3／配合胚體的形狀，從杯桿的地方開始貼。

4／漸漸往上，每個線條都做長短不一的設計。

5／做杯底的裝飾貼鑽，因為要保留玻璃透明的特質，所以延續中心花紋，做成往外擴散感。

6／最後再點綴裝飾杯身。

—5—

Sun Glasses

復古時尚的太陽眼鏡

超大鏡面，米白鏡框，
原本復古風十足的太陽眼鏡，
加上蝴蝶結貼飾及水鑽後，
馬上多了點小女生俏麗可愛的味道。

太陽眼鏡／1只

蝴蝶結貼飾／1只

E6000膠水

椎子／1支

鑷子／1支

SWAROVSKI水晶鑽

SS10-001 GSHA-香檳色／約40顆

SS16-001 GSHA-香檳色／約10顆

SS10-001AB-白彩／約20顆

2816-001AB-星星／1顆

製作時間：30分鐘

花費預估：NT.250元

1

2

3

4

5

6

這樣做！

1／先決定蝴蝶結貼飾的位置。

2／用椎子將E6000膠水塗在蝴蝶結貼飾上。

3／接著將蝴蝶結貼飾斜貼在鏡框上。

4／將水晶鑽大小不一的，散貼在蝴蝶結貼飾的周圍。

5／水鑽愈靠近蝴蝶結貼飾愈緊密，反之則稀疏。

6／鏡架的部分用001GSHA的水鑽，以並排法貼滿。

7／接著貼上星星，並在星星的周邊貼上水鑽。

「心無旁鶩的

去曬曬太陽吧！」

7

DECORATION TECHNIC:

金屬貼片的運用，是這個設計的主要重點。另一邊不貼，以免讓整體流
於俗氣。

-6-

Shining Stars

一閃一閃亮晶晶證件夾

證件夾是現代OL們很實用的小物，不管是用來掛識別證或是手機

因為體積小，所以使用現成的星星貼紙來加強圖案感，

對於不會畫畫的人而言，盡量運用生活中的現成圖案是很重要的呢。

準備好！

白色伸縮證件夾／1只

星星貼紙／1張

SWAROVSKI水晶鑽

SS16-213AB-淺黃彩／8顆

12切面水晶鑽

SS10-249-黃／2顆、SS8-213-淺黃／2顆

14切面樹脂鑽

SS12-279-不透明白／約25顆

製作時間：20分鐘

花費預估：NT.200元

怎么做！

1／先將星星貼紙貼上。

2／使用SS8-213-水鑽，先貼在星星的端點上

3／接著才將星星中心的部分填滿，因為星星貼紙已經有切確的形狀了，所以不需要貼的太滿，只需將重點貼好即可。

4／SS12-279水鑽先從星星的五角尖端開始貼。

5／最後再用一樣的水鑽連結起來就完成了，注意不要覆蓋到星星貼紙唷。

—7—

Dessert Dish

讓餅乾更美味的點心碗

可愛的陶瓷材質小缽，正好可以用來收納女孩們的小物，
也在中心貼上水鑽吧！
這樣就開始閃亮無敵了呀。

「連小松鼠都忍不住卡滋卡滋！」

準備好！

陶瓷置物小鉢／1只

12切面水晶鑽

SS10-227-紅／約100顆

SS10-001-透明／約40顆

製作時間：30分鐘

花費預估：NT.200元

這樣做！

1／先將胚體擦拭乾淨。

2／以並排法的方式開始貼鑽，隨時使用直尺輔助。

3／先完成紅十字的貼鑽。

4／最後在周邊貼上SS10-001水鑽當邊飾。

1

2

3

4

—8—

Skinny Tape

一定要瘦腰圍捲尺

平常用來計較腰圍的捲尺，看起來一點都不可愛；

點綴上漂亮的鑽，

就算變胖了一點點，心情也不至於太差了。

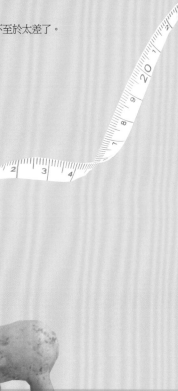

準備好了！

圓形捲尺／1個

樹脂玫瑰花貼飾／1個

14切面樹脂水鑽

SS30-蛋白五彩約50顆

SS16-4mm-尖底水鑽-001AB／約15顆

SS12-3mm-尖底水鑽-209-粉紅／約15顆

SS6-2mm-尖底水鑽-001AB／30顆

製作時間：30分鐘

花費預估：NT.150元

「可愛的連大象
也想捲尺潛逃！」

這樣做！

1／中央先貼上玫瑰；水鑽從外圈開始貼。

2／貼外圈時，使用交錯法，將大顆水鑽貼上同心圓，。

3／最後一圈要特別注意和中間玫瑰的距離。

4／大水鑽的中間空隙上塗上膠，要注意膠的量不要過多。

5／沾取小的尖底鑽貼上。

6／這樣就做好了圓形小捲尺囉。

1

2

3

4

5

DECORATION TECHNIC:

所有平面圓物件，技巧都是由
外而內，從外圈開始貼，以同
心圓方式往內貼。

—9—

Crystal Pen

無 敵 吸 睛 水 晶 鑽 筆

用這麼閃亮華麗的鑽筆來寫字，吸睛度200％，
讓虛榮心大大大的滿足，螺旋紋路，在筆轉之間，
流淌著一股動態的美感。

準備好！

筆／1支

圖稿／1張(可參考p131)

12切面玻璃水晶鑽

SS10-223-淺粉／約300顆

SS10-213-淺黃／約150顆

SS10-214-淺綠／約150顆

製作時間：90分鐘

花費預估：NT.350元

這樣做！

1／核對圖稿，從筆尖的地方開始貼鑽。

2／繞著筆桿貼一圈。

3／點上膠水。

4／用交錯法，第二排的水鑽顏色依著第一排。

1

2

3

4

5

6

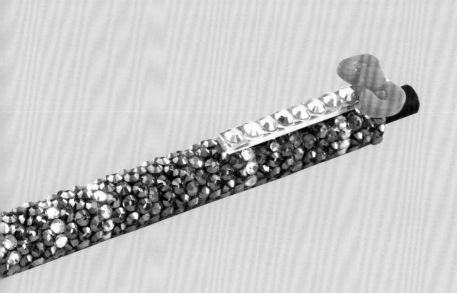

「寫出來的文字也一起變美！」

5／依此類推，美麗的螺旋紋就出現囉。

6／遇到筆夾時，直接跳過不貼。

7／整齊細密的將整支筆貼滿水鑽。

8／最後，再用並排法完成筆夾的部分。

7

8

DECORATION TECHNIC:

貼「筆」對很多人來說，總有一些難度，因為筆身是圓弧狀，所以比較
不好核對上排的鑽，其實把圖稿攤開來看，就只是基本技巧罷了。

—10—

MoMo Bear

隨意散步的MoMo熊

難得遇上了美好的週末，天氣好的讓人無法感到憂鬱，

走吧！走吧！

手牽著手，我們一起散步去。

準備好！

立體MOMO熊公仔吊飾／1只

14切面樹脂鑽

SS30-蛋白粉彩／約100顆

SS20-蛋白粉彩／約100顆

SS12-蛋白粉彩／約300顆

SS12-蛋白彩／約200顆

製作時間：60分鐘

花費預估：NT.300元

這樣做！

1／如圖所示，先貼好較小面積的耳朵部分。

2／耳朵的外圍部分用比較小的鑽。

3／可使用疊鑽的方式，將水鑽交疊，減少空隙。

4／手臂的部分，可依胚體原有的模線，先貼一條基準線。

5／接著以此基準線為主，使用交錯法，左右各向外貼，貼滿為止。

「卡哇伊小熊永遠
青春無敵！」

6／臉的部分則如圖所示，先將鼻子的地方貼好。

7／腳的部分跟手臂相同，先依著公仔原有的模線貼出基準線，再用交錯法，左右直線的方式
將之貼滿。

8／最後使用不規則貼法及疊鑽法，將身體及背部填滿就完成了，貼的愈滿愈好。

7

Decoration Technic:

要貼四肢可以隨意控制的公仔，要注意並保留每個可動部位的轉動，體
形較小的公仔可以使用「疊鑽法」來減少空隙及增加閃亮度。

-11-

Love Rabbit

愛打瞌睡的LOVE小兔

近來超熱門的立體公仔貼鑽,如旋風般襲捲貼鑽界。

其實立體公仔貼鑽不難,只要把握住重點就行了,

趕緊起來試試吧!

準備好！

立體吸盤公仔LOVE兔╱1只

14切面樹脂鑽

SS12-223-淺粉╱約30顆

SS12-279-不透明白色╱約1000顆

製作時間：120分鐘

花費預估：NT.450元

這樣做！

1╱先將公仔上主要的顏色小區塊貼鑽。

2╱明顯有圖案的地方先上膠，

3╱不要將水鑽貼超過圖案邊線。

4╱然後處理黑色線條的地方，小心的在周圍貼鑽，不要將線條遮蓋。

1

2

3
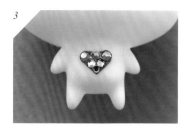

4

5

6

「縫著縫著就睡著了！」

5／耳朵的部分，先繞著粉紅色的區塊圈圈的貼上白鑽。

6／接著LOVE兔腮紅的周圍先貼上一圈白鑽。

7／一圈接著一圈，慢慢的跟睫毛的白鑽融合。

8／當主要的粉色部分都完成後，其餘空白的部分全部用白鑽貼上，就完成了。

7

DECORATION TECHNIC:

先從眼睛、腮紅、愛心、耳朵先貼，再貼其它大塊面積。

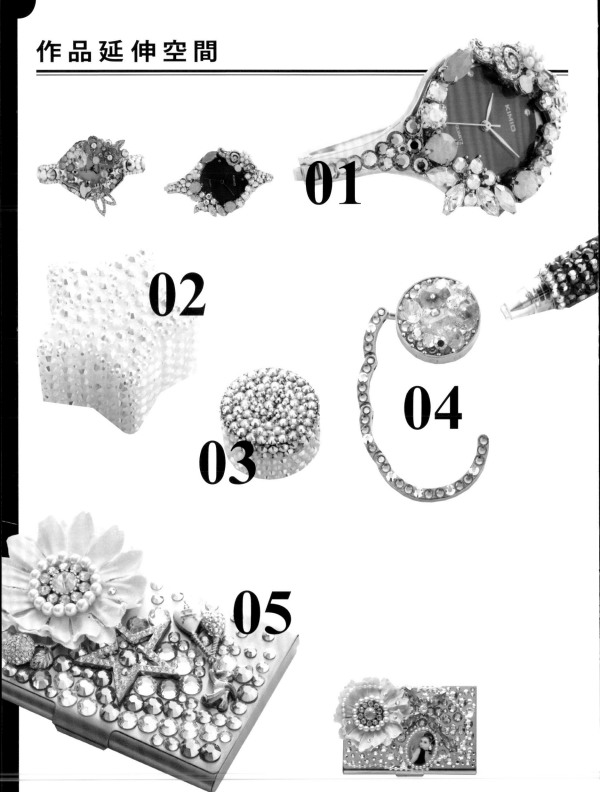

01

02

03

04

05

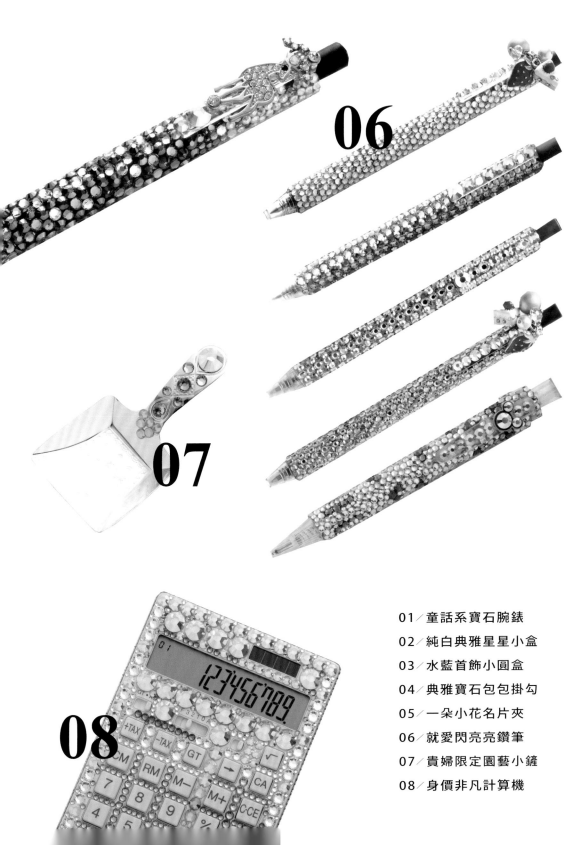

06

07

08

09

10

11

12

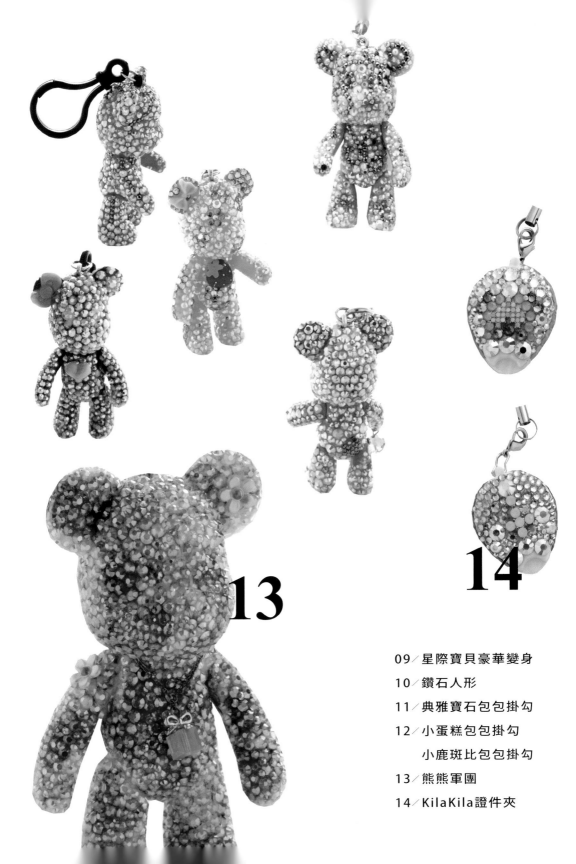

13

14

Lesson 2:

Hi-tech S

隨著科技的演進，智慧型手機正當道，貼鑽的手機已然成為一種「時尚配件」了，展現出每個人專屬於自己的獨特風格。

這個章節裡最主要表現的就是手機背殼，我以iPhone作為示範，其設計與創意，同樣能延伸使用在其他款式的手機上；而3C商品的體積和面積比小物大上許多，自然，材料的使用上也會比較多，花的時間也會久一點，不過，能發揮的設計創意空間更大了。

除了一般市面上常見的滿版貼鑽之外，我個人和市場上的不同是，我運用了各種複合媒材的結合，嘗試不同的單件材料，來強調每個人的創意與個性；除此之外，為了要滿足所有學習者的願望，我將看起來複雜的圖案轉化為實用的圖稿，附在本書附錄，像是最受歡迎的豹紋貼鑽、菱格紋、直線等，都是基本貼鑽法，可以讓初學者可以輕鬆上手。

許多初學者遇到的困難就是不會畫畫，所以，我也一直絞盡腦汁地想，有什麼方法可以不用畫畫也能做出美麗的作品呢？於是我創造出蝶古巴特、紙膠帶、蕾絲、小花朵貼片、轉印紙等來媒合貼鑽技法，這可說是既方便又省錢哨！

這個篇章最讓我得意的就是愛戀之心，這款作品我結合了飾品的設計元素，將項鍊的概念與手機貼鑽結合，想像著讓手機配戴項鍊，靈感源源不絕湧出；還有華麗的、充滿宮廷貴族氣息的夢中的孔雀，這些專為手機所設計的飾品，讓手機更美麗了！只要設計概念學會了，活用在所有平板電腦、筆記型電腦或是相機上，自然也就更能得心應手囉。

3C產品就要如此閃耀。

Crystal
Queen

水晶皇后的優雅

紫色是最典雅的顏色，使用淡紫色的大寶石皇冠，搭配粉紅色系的
施華洛士奇水晶，就像舞會中被選出最出色的皇后一樣，
總是那麼美麗，那麼迷人。

透明iphone殼／1只

皇冠鑲鑽貼飾／1個

SWAROVSKI水晶鑽

SS30-223AB-淺粉彩／約3~5顆

SS12-223AB-淺粉彩／約3~6顆

SS30-227AB-紅彩／約3~5顆

SS30-212-淺紫／約3~5顆

SS16-212-淺紫／約10顆

SS30-223-淺粉／約1~3顆

SS12-223-淺粉／約1~3顆

SS10-001-透明／約15顆

SS16-001-透明／約10顆

製作時間：30分鐘

花費預估：NT.550元

1／水晶鑽石背面塗上E6000膠。

2／水晶鑽石貼在手機殼上，先靜置3分鐘讓膠固定；水晶鑽石下面也貼上鑽，讓水晶鑽石更有立體感。

3／水晶寶石上也可以貼上小鑽裝飾。

「真讓人眼睛
為之一亮啊！」

4／水晶鑽石縷空的裡面用竹籤上膠後貼上鑽。

5／手機殼上其他部分點綴上膠。

6／貼上小鑽裝飾就可以了。

Graceful Lace

蕾 絲 水 鑽 的 典 雅 風 華

蕾絲向來是最典雅精緻的代表，搭配純白的古董刺繡蕾絲花片作為貼飾，

只要點綴上少許的晶亮水鑽，

奢華，就在低調中緩緩蔓延。

透明iphone殼／1只

刺繡蕾絲花片／4~5片

蝴蝶結金屬貼飾／1個

SWAROVSKI水晶鑽

SS12-001-透明／10~15顆

SS12-212-淺紫／10~15顆

SS12-001AB-透明／10~15顆

SS30-001AB-白彩／3顆

尖底水鑽

SS10-209-粉紅／約5顆

製作時間：50分鐘

花費預估：NT.400元

1／先在iphone殼上擺放蕾絲，確認位置。

2／蕾絲花片可以用剪刀適當的修飾。

3／將珠寶膠點在蕾絲花片上。

4／一一將蕾絲及金屬貼飾貼在iphone殼上。

5／空隙處使用SS12-001水鑽補滿。

6／如圖將水鑽一一貼上。

3

Love

愛 戀 之 心 手 機 背 殼

親手打造一條美麗的項鍊給iphone配戴，

就像是愛戀著他一樣，

隨時隨地都想精心打扮一番，

自已的心情也會隨快樂開始飛揚。

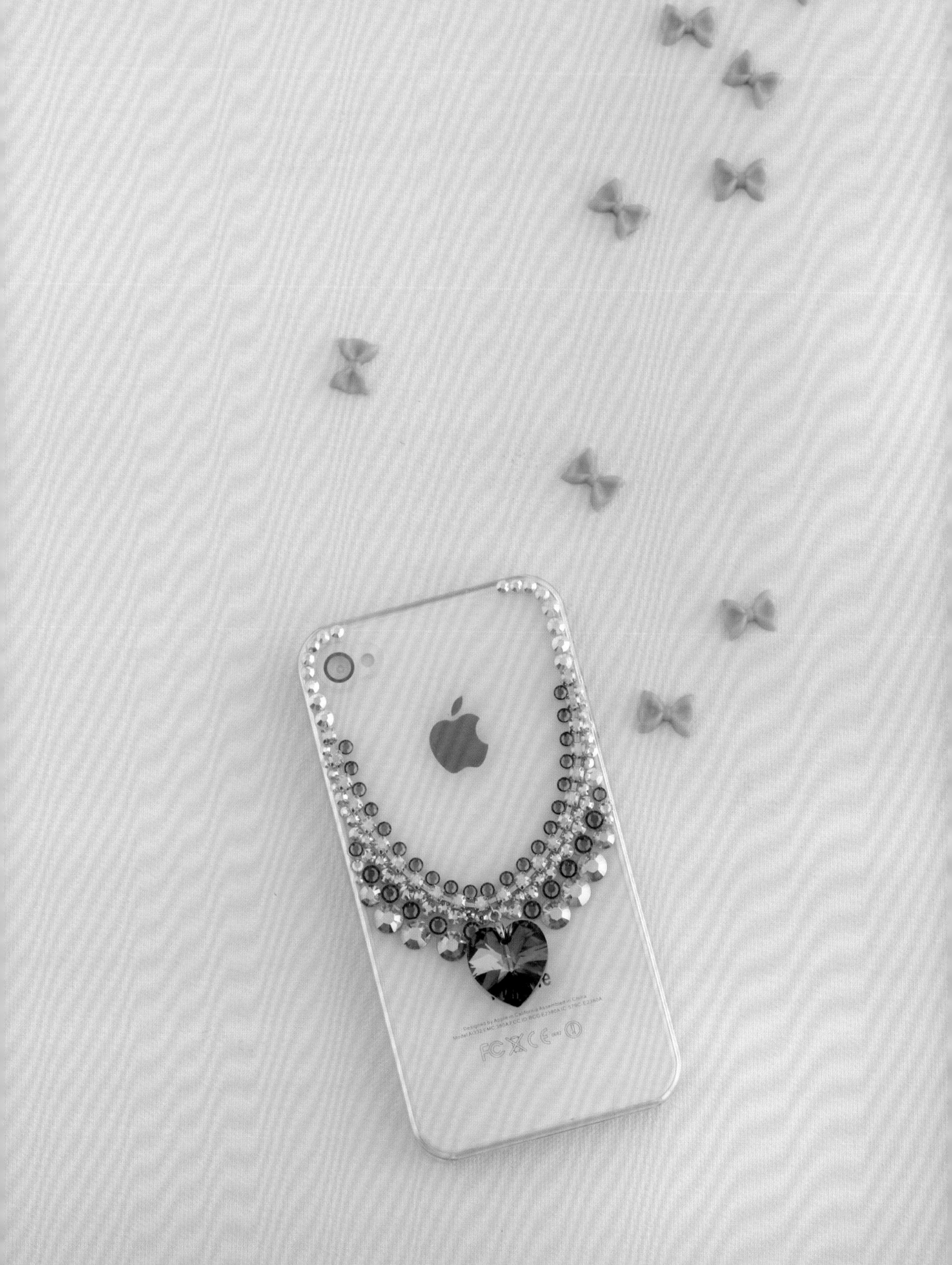

製作時間：100分鐘

花費預估：NT.800元

透明iphone殼／1只

吊墜釦、T針／各一個

水晶鑽鍊約10公分／1條

SWAROVSKI水晶鑽

6240-18mm-001BB-桃心，百幕達藍／1顆

SS12-001AB-白彩／約60顆

SS16-001AB-白彩／約25顆

SS12-243-卡布利藍／約30顆

SS16-243-卡布利藍／約10顆

SS20-202AB-淺藍彩／約2顆

SS30-202AB-淺藍彩／約6顆

1／用鑽孔器在iphone殼上鑽孔。

2／T針由內而外插入。

3／用斜口鉗剪掉多餘的T針，留下約8mm的長度後再用圓口鉗將T針彎成一個圈圈。

4／打開吊墜釦，夾住桃心水晶。

5／用平口鉗打開iphone殼上的圓圈，並將桃心水晶釦入。

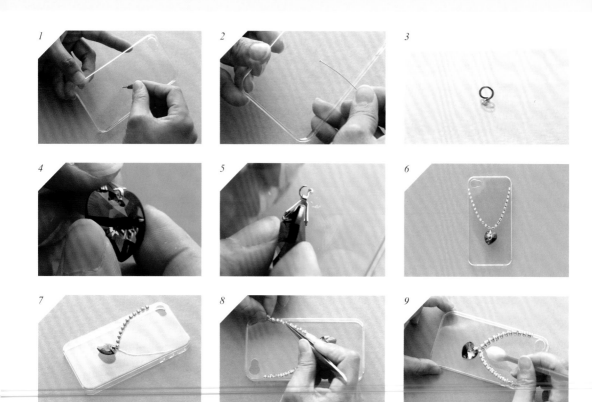

6／將水晶鑽鍊擺放好位置後剪成2段。

7／塗上珠寶膠，並將鑽鍊貼上。

8／使用鑷子輔助，注意鑽鍊的弧度，要自然。

9／在鑽鍊的空隙上貼上SS12-243的水鑽。

10／接著在鑽鍊的另一邊貼上SS12-001AB的水鑽。

11／沿著水鑽的空隙上貼上第二排水鑽。

12／以此類推，第三排使用SS16-243及SS12-243的水鑽

13／第四排，使用SS30-202AB及SS16-202AB的水鑽，進行到這裡，可以明顯感受到外圈的水鑽尺寸較大，往內的尺寸較小，可以呈現出項鍊的「立體感」。

14／最後，使用SS16-001AB及SS12-001AB的水鑽，從鑽鍊末端開始往上貼鑽，展現「配戴項鍊」的感覺後，即可完成。

10

11

12

13

14

DECORATION TECHNIC:

用大小不同的鑽來塑造立體感，但是最好是選同色系的水鑽。

-4-

Japan Style

和 風 浮 雕 氣 質 款

使用和風紙膠帶的素雅花紋為底，

貼雕刻精美的浮雕寶石，

就是這種低調奢華的古典美麗，

滿足了屬於女孩們的幸福追求。

準備好！

白色iphone殼╱1只

日本和紙膠╱4種

浮雕寶石貼飾-30x40 mm╱15~20個

SWAROVSKI水晶鑽

SS16-204-深紫╱約35顆

SS12-502-桃粉╱約35顆

製作時間：40分鐘

花費預估：NT.350元

這樣做！

1╱在白色iphone殼上貼上和紙膠帶。

2╱務必注意每種顏色的膠帶都要貼密貼牢，不能有氣泡。

3╱完成後翻面，用美工刀將多餘的紙膠帶切除。

4╱相機孔的部分也要用刀片挖開。

「和風紙膠帶來
新鮮創意！」

5／貼上浮雕寶石貼飾。

6／沿著浮雕寶石周圍貼上深紫色水晶鑽。

7／最後再用SS12-502的水鑽貼第二圈（交錯法），完成浮雕寶石的「邊框」。

7

DECORATION TECHNIC:

和風紙膠帶黏貼時一定要用尺把氣泡刮除，做起來才能平坦不突起。

-5-

Pea-cock

夢中的孔雀姿態

用世界上有沒粉紅色的孔雀？像是做夢一樣的，
粉紅色的孔雀驕傲羞怯的展示華麗無暇的尾羽，
即是炫耀，也展示著快樂、輕盈的活潑姿態。

準備好了

黑色iphone殼／1只

立體孔雀鑽飾／1只

SWAROVSKI水晶鑽

SS30-227AB-紅彩／約6顆

SS20-223AB-粉紅彩／約25顆

SS16-223AB-粉紅彩／約50顆

SS20-001AB-白彩／約10顆

SS16-001AB-白彩／約15顆

SS12-001AB-白彩／約30顆

SS16-289-印地安粉紅／約10顆

SS12-289-印地安粉紅／約20顆

SS12-204-深紫／約60顆

2816-001AB-星星／約5顆

製作時間：120分鐘

花費預估：NT.900元

1

2

3

4

5

6

這樣做！

1／將孔雀鑽飾貼在iphone殼上。

2／順著孔雀尾羽貼上SS30-227AB的水鑽。

3／使用SS20-223AB、SS16-223AB的水鑽，沿著SS30的水鑽貼上。

4／SS16-289、SS12-289的水鑽，貼在靠近孔雀鑽飾的地方。

5／SS16-001AB、SS12-001AB的水鑽順著孔雀頭冠的線條方向貼上，將之視為頭冠延伸。

6／尾羽與頭冠的部分延展完成。

7／使用SS12-204-深紫水鑽將尾羽的空間補滿。

紫色孔雀的絕代風華。

7

DECORATION TECHNIC:

上方的部分可以使用少許的2816-001AB-星星做點綴，也可以再用深紫色的水鑽填滿空隙，完全可依需求而製作，在本書中採用點綴的方式做結束。

6

Small Flower

滿地開滿小白花

自從「Marc Jacobs Daisy雛菊淡香水」推出後，
那綴滿白色小雛菊的香水瓶一躍成為時尚新寵，
讓平凡的小雛菊也轉眼就流行起來了。

準備好！

黑色iphone殼／1只

白色塑料小花／8朵

SWAROVSKI水晶鑽

SS12~SS20-001AB-白彩／約25顆，大小數量不拘

2816-星星-001AB／約5顆

製作時間：30分鐘

花費預估：NT.400元

這樣做！

1／先在手機背殼上決定小雛菊大致上的位置。

2／使用E6000膠水，先塗在小雛菊上

3／再將小雛菊貼到手機殼上，尺寸最大的先貼。

1

2

3

「真讓人眼睛
為之一亮啊！」

4／接著再將其餘的小雛菊貼上。

5／在空白的地方，不規則、散落式的貼上SWAROVSKI水晶鑽。

6／完成。

4

5

6

燦 爛 水 晶 珠 寶 手 機 背 殼

大寶石的設計感十足而且時尚，
讓妳散發出貴婦般的優雅氣息，
這是所有女人都為之羨慕不已的高調奢華。

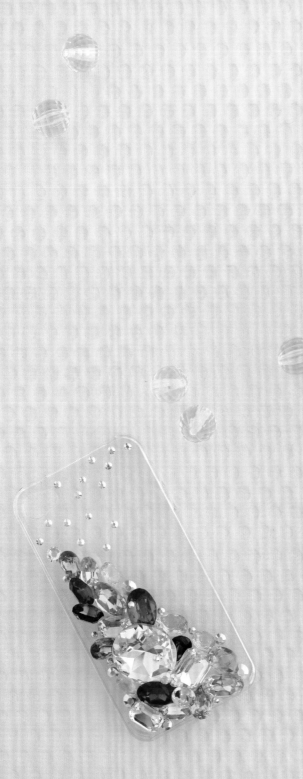

透明iphone殼／1只
各種尺寸的尖底寶石／約20~25顆
SWAROVSKI水晶鑽
SS30-001AB-白彩／約3~5顆
SS12-001AB-白彩／約20顆
製作時間：30分鐘
花費預估：NT.600元

1／先在手機背殼上排列、確認寶石水晶的擺放位置。

2／將E6000膠水直接多量塗在水鑽上。

3／先貼大尺寸的水晶，再貼小尺寸的水晶。

4／可以用竹籤調整水鑽位置。

5／因為是尖底寶石，所以從另一角度來看會看到底色。

6╱這時就要再補上鑽。

7╱盡量將水鑽底部掩蓋。

8╱將平底水鑽貼在水晶寶石上。

9╱最後在上方空白處做些許小鑽點綴即完成。

10╱完成。

7

8

9

10

DECORATION TECHNIC:

要將大寶石固定在手機殼上，E6000膠水的量不能少，一定要少多量使用，而且要等15-20分鐘後膠水才會乾。

— 8 —

Decoupage

蝶古巴特浪漫風格

蝶古巴特Decoupage以法文發音，就是剪裁的意思，

用蝶古巴特製作出獨特的手作感，

散發出法國、德國、義大利的浪漫瑰麗氣息。

準備好！

iphone手機殼(白色為佳)／1只

德國餐巾紙／1張

蝶古巴特拼貼專用膠水（琉璃膠亦可）

保護膠、金色壓克力顏料／適量

平塗筆／1支

美工刀／1支

剪刀／1支

SWAROVSKI水晶鑽

SS12-001AB／約20顆

製作時間：40分鐘

花費預估：NT.300元

這樣做！

1／德國餐巾紙有3層，只選取最上層圖案，其餘丟棄，要完全剝除，不然塗膠時會有皺紋。

2／修剪選取後的餐巾紙，左右需修剪比較iPhone殼多出1~2公分的寬度。

3／將iphone殼用粘土先固定在罐子上，這樣作業時會比較方便。

4／平塗筆沾溼並吸除多餘的水份，讓筆刷保持濕潤的狀態。

5／iPhone殼正面及側面均塗膠

6／將塗滿膠水的iphone殼輕壓上餐巾紙。

7／翻轉過來。

8／用平塗筆挖取大量膠水塗在iphone殼

上，並輕輕的、從中心向外刷，滿滿塗滿膠水。

9／側邊圓角部分更要仔細地將餐巾紙刷平。

10／第一次刷的膠水乾後，需再刷第二次，可以加強牢固度及防水度。

11／最後刷上透明保護膠。

12／塗上金色壓克力顏料，點綴加色。

13／等膠水、顏料完全乾透後，用美工刀沿著相機孔的形狀割開。

14／邊緣多餘的餐巾紙也用美工刀切除。

15／隨意的點上膠水。

16／貼上水鑽點綴即可。

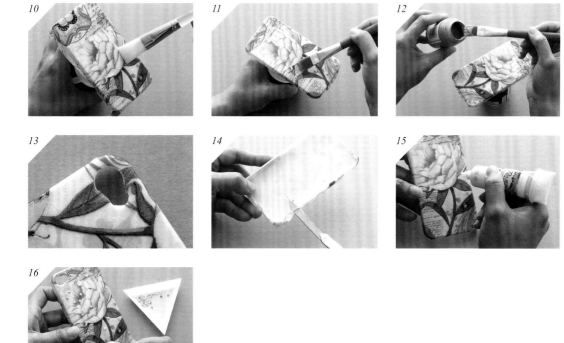

—9—

Leopard Style

野 性 的 呼 喊 豹 紋 貼 鑽

豹紋,永不退流行的花紋,
既可當主角,也可以是配角,
總是引領秋冬的時尚,
充滿野性危險的氣息。

準備好！

iphone手機殼(黑色為佳)／1只

圖稿／1張(可參考p126)

SWAROVSKI水晶鑽

SS12-246-金黃／約350顆

SS12-280-黑／約200顆

SS12-220-煙黃／約250顆

製作時間：120分鐘

花費預估：NT.400元

這樣做！

1／將iphone手機殼對準圖稿。

2／點上膠水。

3／依照圖稿，先靠著邊緣貼第一排。

4／第一排水鑽要盡量對齊邊緣，並呈直線。

5／照著圖稿，一排一排的往下貼。

6／碰到相機孔時，直接跳過。

7／圍繞著相機孔點上膠水。

8／貼上一圈鑽。

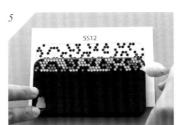
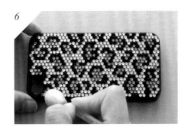

~10~

Europe
Totem

歐風圖騰手機殼

將轉印紙上的歐風圖騰直接印在iphone殼上，
呈現出古典印刷的質感，
散發著讓人嚮往的浪漫歐式風情。

透明iphone殼／1只

進口轉印紙／1張

SWAROVSKI水晶鑽

SS12-001 GSHA-香檳／約10顆

SS16-001 GSHA-香檳／約16顆

2816-星星-001AB／7顆

12切面水晶鑽

SS12-390-蛋白綠／約40顆

製作時間：120分鐘

花費預估：NT.400元

1／剪下轉印紙。

2／用木片輕輕的將圖案轉印在線iphone殼上。

3／圖案要完全的貼合，不能有空氣。

4／貼上水鑽裝飾即可。

DECORATION TECHNIC:

顏使用和轉印紙同色系的水鑽和蛋白鑽來搭配，才不會顯得突兀。

長出藤蔓的純白筆電

純白色的時尚小筆電，

從中心的LOGO生長出細微藤蔓，

優雅而細緻的線條，

悠然蜿蜒，自成一種時尚況味。

白色小筆電／1台
轉印紙／1張

SWAROVSKI水晶鑽

SS16-223AB-粉紅彩／約20顆
SS12-223AB-粉紅彩／約30顆
SS10-001AB-白彩／約30顆
SS10-502-桃紅／約30顆
SS12-502-桃紅／約30顆
SS16-502-桃紅／約30顆
SS16-204-深紫／約30顆
SS12-204-深紫／約30顆
製作時間：70分鐘
花費預估：NT.380元

1／將藤蔓圖案轉印紙剪下，在筆電上確認位置。

2／用木片將圖案轉印在小筆電背殼上。

3／轉印時要小心，邊撕邊轉印，要讓圖案完全貼合筆電的背殼。

4／使用SS16-502、及SS12-502的水鑽，先貼於末端，作為藤蔓的延伸。

5／依照著藤蔓圖案的線條及粗細，貼上水鑽。

6／由大至小的水鑽尺寸可以呈現出線條感。

7／顏色深淺的交錯可以展現畫面的立體感。

8／貼上SS10-001AB以增加閃亮度。

9／可以不用全部貼上水鑽，保留一些轉印紙原本的質感，更別有味道。

7

8

9

DECORATION TECHNIC:

如果不喜歡用轉印紙，也可以自行用廣告顏料來手繪圖案，然後再貼鑽
裝飾。

—12—

Good Luck

充滿好運的LOMO相機

原本就是以幸運草為主題的LOMO相機，

以鏡頭為中心，向外延伸的水鑽，加強了綠意盎然的夏意，

這樣的相機充滿可愛又幸運的FU。

準備好！

幸運草LOMO相機／1台

SWAROVSKI水晶鑽

SS12-213-淺黃／約50顆

SS12-214-淺綠／約50顆

SS16-390-綠蛋白／約10顆

SS12-390-綠蛋白／約10顆

製作時間：60分鐘

花費預估：NT.300元

這樣做！

1／先將相機擦拭乾淨。

2／用SS12-214的水鑽，延著鏡頭貼一圈。

3／用SS12-213貼第二圈（使用交錯法）。

4／SS16-390及SS12-390的水鑽在右上方貼幸運草後，貼出一條支莖連接幸運草及鏡頭圈。

「悄悄拍下幸運小白兔的照片。」

5╱使用SS16-502、及SS12-502的水鑽，貼花朵於末端，作為藤蔓的延伸，

從鏡頭圈延伸出2條藤蔓及花朵。

6╱最後，將左上方的幸運草以SS16-390及SS12-213的水晶貼成的小花取代，再延生出一條

支莖就完成囉。

DECORATION TECHNIC:

先貼好花朵再貼支莖藤蔓，比較容易對齊花朵位置。

01

02

03

04

05

06

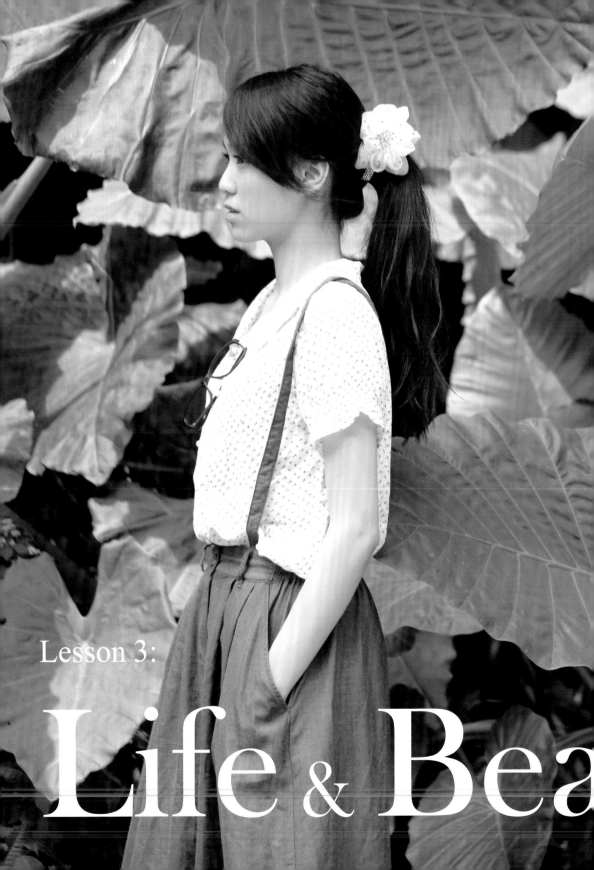

Lesson 3:
Life & Bea

uty

女孩們愛上閃亮的生活，就從貼鑽開始！

有些人不愛手機閃亮亮，但是卻穿著亮眼到不行的衣服，有的人珍愛一雙獨一無二的貼鑽高跟鞋，有人則是著重首飾配件一定要亮晶晶；每個人都有自己夢想的Bling Style！

裝飾在衣服上的鑽，又稱之為「燙鑽」，鑽的背面有黏膠可以固定在衣物上，只有燙鑽能承受洗衣機的清洗，而一般使用在生活用品上的貼鑽膠粘貼的水鑽，不能加以清洗；燙鑽的作法相當簡單，工具也很便利，只要有熨斗就行了。燙鑽需要的貼紙可以在網路上購得，不想用貼紙，也可以隨個人設計把鑽直接放在衣服上，墊上一層薄布去燙，隔一層布是為了保護鑽的顏色和完整，以免過熱傷害水鑽本體。

在素面棉T上燙上特別的水鑽圖案，馬上變潮T。而購物袋、短裙、牛仔褲、寵物領帶、項圈等，也都能用燙鑽加以裝飾。

很多人喜歡質樸手感的木質飾品，也能用貼鑽的方式加以改造，而和木質材料最為速配的，就屬蛋白色系的水鑽了，相當推薦給喜歡素雅、低調風格的人，就算是森林系女孩，也能閃著燦燦光芒。

我是女生，所以這個章節的取向就以女孩們難以抗拒的飾品、衣服為主，就算是平時穿著非常簡單樸素的女生，只要在高跟鞋、牛仔褲上，加上閃亮的鑽，就能帶來無限的快樂，也讓你擁有閃亮的好運生活喔。

愛生活、
愛美麗

-1-

Floral Pin

雪 紡 紗 花 朵 水 鑽 髮 夾

米白色的雪紡紗花朵，點上閃亮的水晶鑽，

猶如清晨的露珠在陽光下燦燦閃耀，

繫上一束馬尾，迎光吸引粉蝶在花瓣上留下足跡。

準備好！

素色雪紡紗花朵髮夾╱1支

SWAROVSKI水晶鑽

SS12-209╱約50顆

SS12-001AB╱約20顆

製作時間：30分鐘

花費預估：NT.150元

這樣做！

1╱在雪紡紗花朵上點上珠寶膠。

2╱用沾筆沾起水鑽，從花蕊開始，將水鑽貼上。

3╱讓水鑽呈隨意散落的方式，貼在花上。

4╱順著髮夾黑色的部位「斜」著貼上水鑽。

5╱以「交錯法」的方式將髮夾貼滿，就完成了。

1

2

3

「讓平凡的生活
變得亮眼無比。」

DECORATION TECHNIC:

花朵以點綴(不規則)方式來裝飾，而且不要使用太多顏色，以免太流於
俗套了。

4

5

2

Rose
Ring

晨光中的玫瑰花戒指

如深夜般漆黑的玫瑰花戒指，神祕感十足，
唯有使用尖底水鑽才能佯裝清晨的露珠，
迎著陽光開始閃亮。

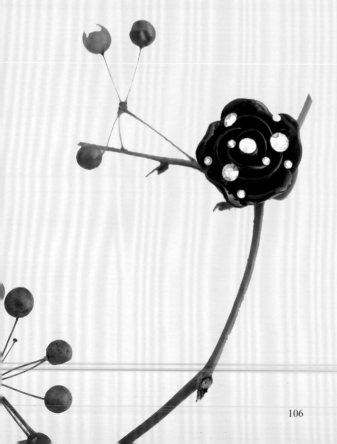

玫瑰花戒指／1只

尖底水晶鑽

SS8-001AB-桃粉／約4~5顆

SS20-001AB-桃粉／約6~7顆

製作時間：15分鐘

花費預估：NT.150元

「戒指的設計感比什麼都重要。」

1／在花心中央先貼上1顆水鑽。

2／接著順著花瓣，將大小不一的尖底水鑽貼上。

3／完成。

1

2

3

木製手感貓咪項鍊耳環

懶懶的貓兒或坐或躺，可愛的模樣直讓人想放在手心上呵護，

就像這一對手感十足的木製飾品一樣，

樸實中閃爍著微微的幸福光亮。

彩繪木質項鍊／1條

耳環／1對

SWAROVSKI水晶鑽

SS16-398-蛋白紫／約10顆

SS12-398-蛋白紫／約40顆

SS16-390-蛋白綠／1顆

SS12-390-蛋白綠／約5顆

SS16-234-白蛋白／4顆

SS12-234-白蛋白／5顆

SS16-285-淺藍蛋白／2顆

製作時間：20分鐘

花費預估：NT.350元

1／項鍊的部分很簡單，依貓臉的線條及顏色貼上相同水鑽即可。

2／將貓咪耳環擺放在一起，用膠水先畫出愛心的輪廓。

3／先貼愛心外框。

4／最後再將框內貼滿。

5／在貓咪尾巴地方貼鑽，強調輪廓線條。

6／完成。

-4-

Butterfly

小蝴蝶飛牛仔裙

不喜歡太閃，又希望自己搶眼，
於是在牛仔裙襬間多花了一點巧思，
就算今天只去山上踏青，
也覺得心情美好無比。

熨斗／1個

排鑽貼紙／1張

燙鑽／65顆

圖稿／1張

製作時間：30分鐘

花費預估：NT.350元

1／選好圖稿，並剪下排鑽貼紙，貼紙要比圖稿大15~20％。

2／撕開貼紙的白色底紙，將透明貼紙放到圖稿上，有粘性的一面朝自已，並粘上燙鑽。

3／燙鑽需反著貼。

4／完成後將白色底紙粘回，即完成「燙鑽貼紙」。

5／除了照著圖稿外，也可以自行做一些變化，讓圖案更豐富。

1

2

3

4

5

6

「小蝴蝶結一直都是青春不敗款。」

6╱慢慢的撕開底紙。

7╱將燙鑽貼紙貼在要燙鑽的位置。

8╱將加熱後的熨斗靜壓約10秒後移開，不要左右滑動。

9╱待溫度下降後，輕輕撕開透明貼紙，貼紙上沒有粘鑽即表示水鑽已燙在布料上了，若是有粘鑽在貼紙上，就將貼紙貼回，再局部加強，重燙一次即可。

DECORATION TECHNIC:

這個部分要學習的就是大面積燙鑽貼紙的做法，燙鑽貼紙是最佳的燙鑽方式，最適合運用在布料上，能完整呈現圖案，也能將圖案完整保存。

—5—

Rock n' Roll

閃亮搖滾風項鍊T恤

抱著去演唱會的心情，
換上黑色搖滾風的T恤，
多重垂掛式項鍊的設計感，
添增了一些屬於女性的柔美元素。

「簡單的T恤也要有自己的味道才行！」

材料篇：

T恤／1件

熨斗／1個

燙鑽／60顆

製作時間：20分鐘

花費預估：NT.150元

步驟篇：

1／依照衣服上的圖案，在喜歡的位置上排列燙鑽。

2／排好燙鑽後，將透明排鑽貼紙粘上，固定燙鑽，讓燙鑽不會移位。

3／將熨斗靜壓其上約10秒後即可完成。

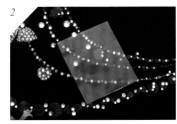

01

02

03

04

05

07

06

08

09

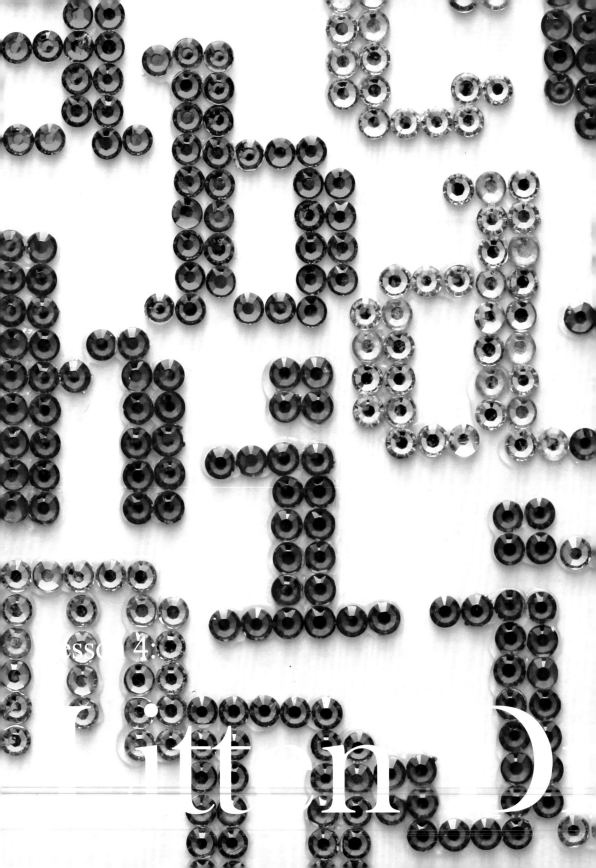

圖稿對於初學者甚至是貼鑽高手來說，都是非常珍貴的。因為不是每個人生來就是會畫畫的設計師，也不是隨時都會有靈感，這時候圖稿就顯得格外重要了。

我特地將教學這麼多年的心得和膾炙人口的圖案匯集在這本書裡面，讓大家都能夠按圖學習，或是參考圖案來引發創造和設計聯想。

圖稿的使用方式很簡單，手機殼部分我以最常見的iPhone4為範本，附上HTC的空白對照圖稿，以最常被使用的ss12水鑽尺寸當示範，大家可以直接影印圖稿來照著貼，遇到尺寸不同的手機殼，前後自行加減就可以了，請按照前面介紹的計算方式去增減鑽數。

※本書所附之圖稿僅供讀者練習之用，禁止使用於未授權之商業用途使用戶。

璀璨
而美麗的
圖樣。

空白圖稿

SS12(3mm)與SS10(2.8mm)是最常用的尺寸，兩者只有些微差距，因市面上的練習鑽多為SS12的尺寸，故本書統一以SS12做為基本尺寸。以下空白稿可供圖案設計練習及繪製圖稿之用。

並排法(Straight Line)——SS12

交錯法(Heney Combo)——SS12

並排法(Straight Line) —— SS16

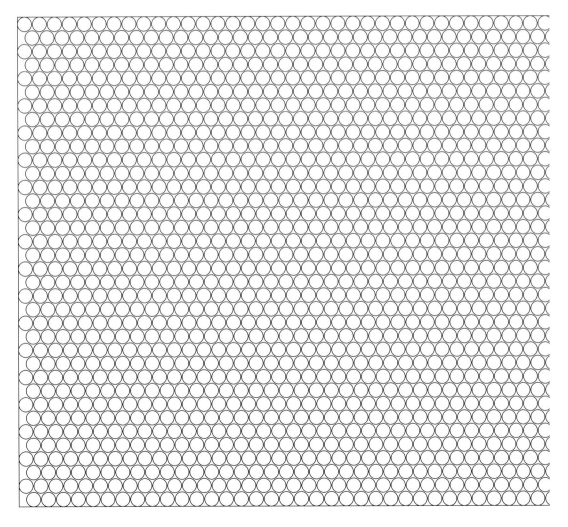

並排法(Straight Line)——SS16

iPhone4與HTC手機背殼尺寸對照示意圖

圓點的部分為了iPhone4尺寸範圍。黑框灰色底部分則為HTC手機尺寸，請自行增減鑽數調整。

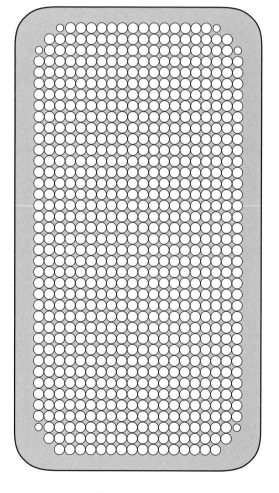

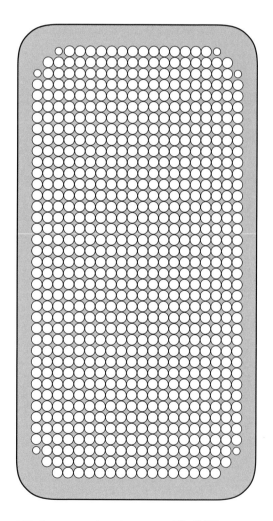

HTC Desire HD
──── 123×68mm

HTC sensation(Z710E)動感機
──── 123×68mm

HTC Legend 傳奇機
——112×56.3 mm

HTC Aria 詠嘆機
——103.8×57.7 mm

手機圖稿

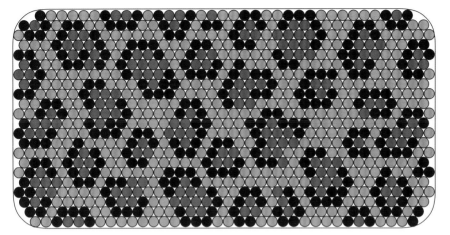

底色：

246(淺咖啡)

×385pcs

或203(黃玉)

×385pcs

斑紋：

220(咖啡)

×176pcs

280(黑)

×290pcs

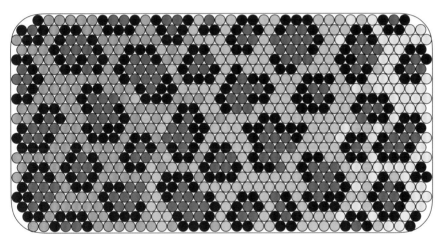

漸層底色：

203(黃玉)×141pcs

362(桃色)×175pcs

391(淺桃色)

×63pcs

斑紋：

220(咖啡)

×176pcs

280(黑)

×290pcs

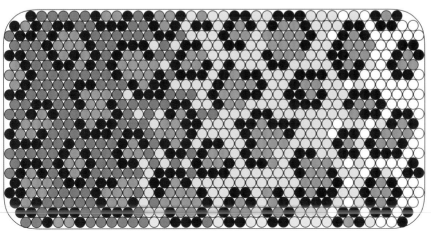

漸層底色：

202(藍)×141pcs

211(淺藍)×175pcs

001(白)×63pcs

斑紋：

206(水藍)×176pcs

280(黑)×290pcs

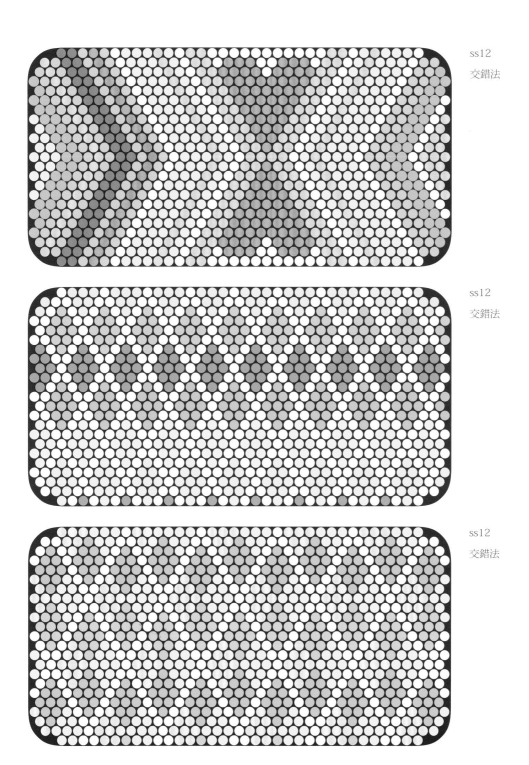

ss12
交錯法

ss12
交錯法

ss12
交錯法

蝴蝶結設計————SS12

英國國旗————SS12

並排法

方塊——SS12

並排法

格紋方塊——SS12

並排法

直線——SS12

並排法

直線及方格——SS12

並排法

鑽筆圖稿

鑽筆筆桿說穿了其實就是一片長方形，只是要注意【頭
尾相接，無接縫】而已！使用交錯法再加上顏色的變
化，貼到圓柱上，就會變成【螺旋紋】，並呈現出動感
任何的圓柱體都能適用這樣的設計！（圖稿雖以無印良
品中性筆為胚體所設計，但其他尺寸不同的筆依然可以
套用【設計概念】並延伸尺寸！

蝴蝶結——SS12

ss10,#223,#213,#214

蝴蝶結——SS12

ss10,#211,#213,#214

蝴蝶結——SS12

ss10,#001,#243,#211

蝴蝶結——SS12

空白草稿

自己畫圖稿

如果想要畫上自己喜歡的圖案，可以印下空白圖稿的部分，
直接剪下胚體的尺寸和大小，畫上圖案後按圖去貼。
而其它的畫稿部分，先印下你要的大小尺寸，除了自行用廣
告顏料或是麥克筆將參考圖型畫在胚體上，也可以在圖稿下
方墊上一層覆寫紙，放在胚體上，直接將圖型輪廓描繪在上
面，塗上底色後就可以開始貼鑽了。下面以玫瑰花的貼鑽為
例，示範貼鑽的方式。

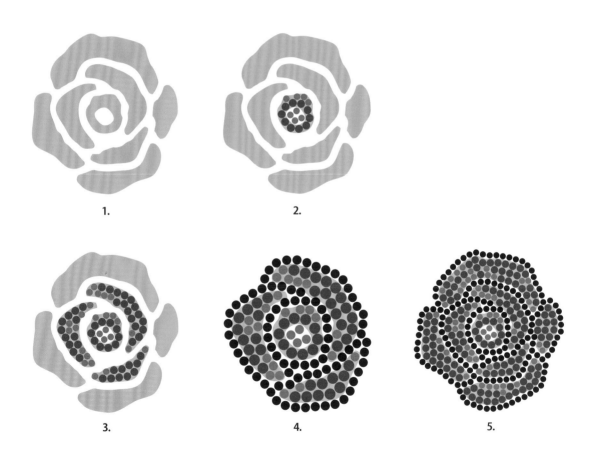

1.

2.

3.

4.

5.

1.將圖案畫在胚體上，並上色。**2.**從中心開始，依照著底色的區塊，適當的使用大小鑽將色塊填滿。**3.**由內而外，將每片花
瓣貼滿水鑽。**4.**只貼中心局部時，花朵就會縮小。**5.**邊框的顏色也可以營造出不同的感覺。

雪花

雪花的圖案，給人「冰清夢幻」的感覺，是很實用的圖形。
圖稿可以單獨使用，也可以互相搭配。不但可以貼鑽，也可
以用於燙鑽！自由度非常高！

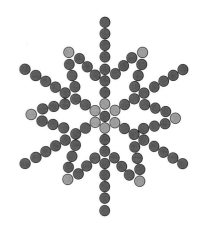

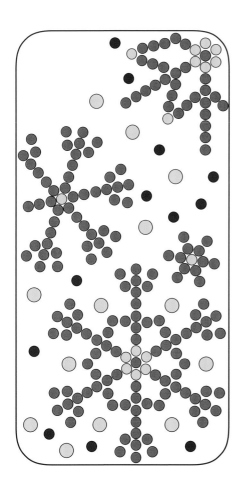

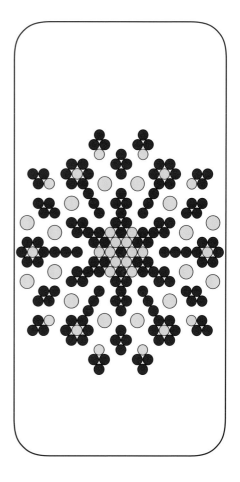

以剪影方式呈現，讓想像力更多豐富空間。

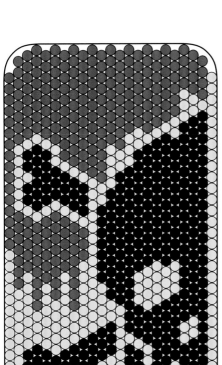

骷髏頭也是熱門圖案。

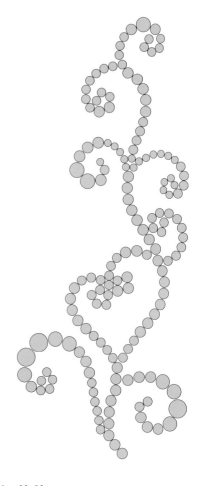

曲線／藤蔓

大小不同尺寸的水鑽可以營造出動感。

適用尺寸：ss6,ss8,ss12,ss20

並排法大寫英文字母—ss12

並排法小寫英文字母—ss12

並排法(Straight Line) ——— SS12

交錯法(Heney Combo)————SS12

燙鑽圖稿

最常使用SS8、SS12、SS16、SS20等尺寸的水鑽，
圖案愈複雜，水鑽尺寸愈小。

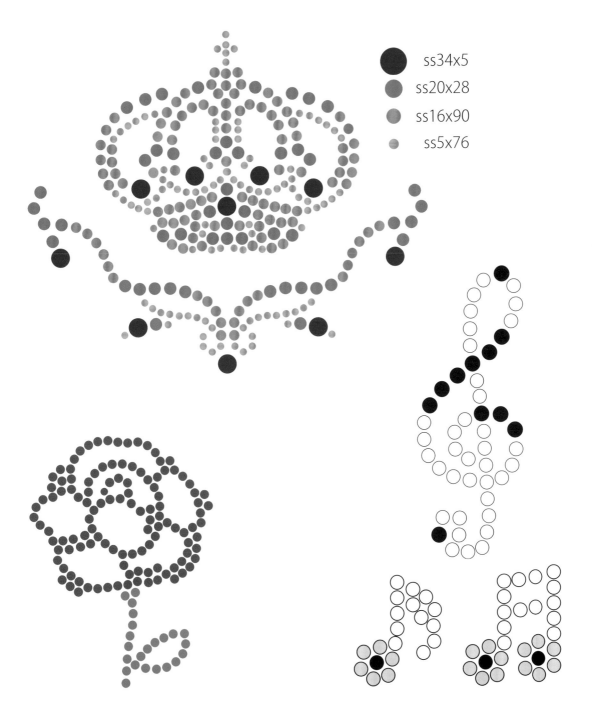

ss34x5
ss20x28
ss16x90
ss5x76

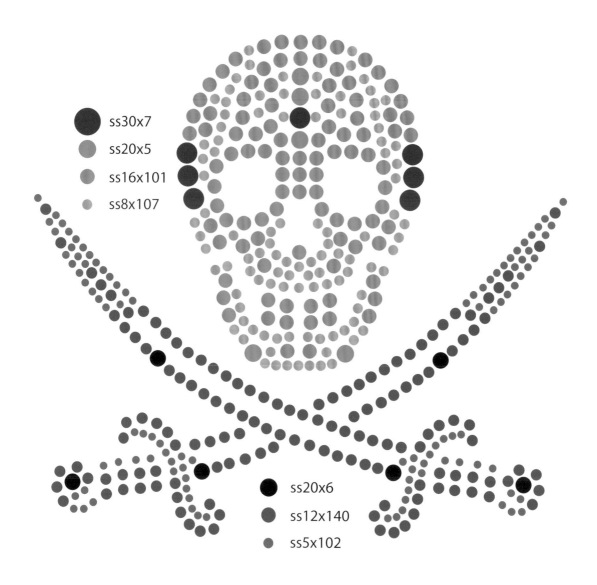

ss30x7

ss20x5

ss16x101

ss8x107

ss20x6

ss12x140

ss5x102

腳丫文化
■ K065

貼鑽の時尚事典

國家圖書館出版品預行編目資料

貼鑽の時尚事典 / 桃子莉可著. -- 第一版.
-- 臺北市：腳丫文化,民100.11
面；　公分.--(腳丫文化：K065)
ISBN　978-986-7637-75-8（平裝）
1. 裝飾品　2. 拼貼藝術

426.77　　　　　　　　100020731

著　作　人：桃子莉可
社　　　長：吳榮斌
企劃編輯：黃佳燕
行銷企劃：劉欣怡
美術設計：顏一立
出　版　者：腳丫文化出版事業有限公司

總社‧編輯部
社　　　址：104 台北市建國北路二段66號11樓之一
電　　　話：（02）2517-6688
傳　　　真：（02）2515-3368
E-mail：cosmax.pub@msa.hinet.net

業　務　部
地　　　址：241 新北市三重區光復路一段61巷27號11樓A
電　　　話：（02）2278-3158‧2278-2563
傳　　　真：（02）2278-3168
E-mail：cosmax27@ms76.hinet.net
郵撥帳號：19768287 腳丫文化出版事業有限公司

國內總經銷：千富圖書有限公司（千淞‧建中）
　　　　　　　(02)8521-5886
新加坡總代理：Novum Organum Publishing House Pte Ltd
　　　　　　　TEL：65-6462-6141
馬來西亞總代理：Novum Organum Publishing House(M)Sdn. Bhd.
　　　　　　　TEL：603-9179-6333
印　刷　所：通南彩色印刷有限公司
法律顧問：鄭玉燦律師 (02)2915-5229

定　　　價：新台幣 300 元
發　行　日：2011 年　11月　第一版　第 1 刷
　　　　　　　　　　　11月　　　　　　　第 2 刷